宇宙构想

詹天成　著

九州出版社
JIUZHOUPRESS

图书在版编目(CIP)数据

宇宙构想 / 詹天成著. —北京 ：九州出版社，2010.8

ISBN 978-7-5108-0607-0

Ⅰ. ①宇… Ⅱ. ①詹… Ⅲ. ①宇宙—研究 Ⅳ. ①P159

中国版本图书馆 CIP 数据核字(2010)第 141095 号

宇宙构想

作　　者　詹天成　著
出版发行　九州出版社
出 版 人　徐尚定
地　　址　北京市西城区阜外大街甲 35 号(100037)
发行电话　(010)68992190/2/3/5/6
网　　址　www.jiuzhoupress.com
电子信箱　jiuzhou@jiuzhoupress.com
印　　刷　北京市通州富达印刷厂
开　　本　880 毫米×1230 毫米　32 开
印　　张　3.75
字　　数　40 千字
版　　次　2010 年 8 月第 1 版
印　　次　2010 年 8 月第 1 次印刷
书　　号　ISBN 978-7-5108-0607-0
定　　价　20.00 元

目 录

序　言

在我们眼里，宇宙永远是那么神秘，不可捉摸。迷失在地球里，经历多少年才知道地球是圆的；迷失在浩瀚的宇宙里，又需要多少年才能知晓宇宙的真面目呢？

自人类文明出现以来，无数先哲不断地探索着宇宙的奥秘，取得了无数的成果。可是，即使到了科学技术已如此发达的今天，我们对宇宙本质的认识依旧是那么模糊。该如何才能更好地认识宇宙呢？我的观点就是自己构造一个宇宙。构造的基础基于两点。首先，宇宙的本质是简单的。因为是本质，所以是简单的。本质的作用体现在以简单的方式从总体上概括复杂的事物，本质复杂就没有资格叫本质。如果本质是复杂的，而任何复杂的事物都有本质，那么本质还有自己的本质，最终的本质还是简单的。宇宙是最复杂的，它的本质就应当是最简单的。其次，宇宙是合理的。宇宙的任何体现都应当是合理的，不存在任何牵强。低层次的不合理，在高层次就是合理的；高层次的不合理，在更高层次就是合理的。站在整个宇宙的角度，万事万物都是合理的。

我的思维最终对宇宙的概括是：宇宙体现无限包容的思想。宇宙因无限而完美，宇宙因包容而伟大。

如何探索宇宙

面对广阔无垠的宇宙，人类总是坚持不懈地进行探索。如果问一下有什么收获，我们会骄傲地回答，在继承先辈优秀文明成果的基础上，不断地创新，社会的物质文明和精神文明已经到了非常高的程度。

不错，几千年来，人类取得了辉煌的成就。现在，各个科学领域都有了革命性的进步，信息化已经遍布全世界，宇宙飞船走向了太空，还建立了让全人类自豪的宇宙空间站。然而，虽然对宇宙的探索不断取得进步，但宇宙的根本还是扑朔迷离，至少现在还没有一个基本的解释。只要涉及宇宙根本的任何一个问题，都无法给出一个比较准确的回答。

不断地讨论着所谓的宇宙起源、时空观、物质、意识等。越多地了解，越感到宇宙是如此的深奥、复杂。就如同认识一棵树，不是从整体把握树的基本形态，而是不断地沉迷在研究每两片叶子有什么不同、有什么规律。研究完叶子后，再研究各个小枝条有什么差别、有什么联系。虽然这样一步一个脚印的研究无可厚非，但要等到什么时候才能知道树的整体形态呢？

因此，对宇宙的探索应当从最根本处出发。只有对宇宙的根本有了一个基本的了解，细节的研究才能得到更好的指导。通过什么才能更好更快地探寻宇宙的本质呢？是数学吗？是物理吗？是计算机吗？是试验吗？都不是，是你的思维。对宇宙的探索，需要的不只是学习和总结前人的知识，简单的创新，更重要的是要无限绽放你的那份思维，让它无限地接近宇宙思维的真谛。

八维宇宙图

谈到宇宙的本原，就是指宇宙是几维的，各维是什么。

我认为，宇宙是八维的，它的各维就是第零维包容性、第一维对立性、第二维转化性、第三维相对性、第四维存在性、第五维运动性、第六维趋向性、第七维平衡性。如下图所示：

包容性：万事万物总是包容着一定的事物。

对立性：有、无，难、易，长、短。

转化性：任何对立的两方面总是在相互转化。

相对性：宇宙没有绝对的事物。

存在性：万事万物总是具有某种程度的存在性。

运动性：万事万物总是处于运动的状态。

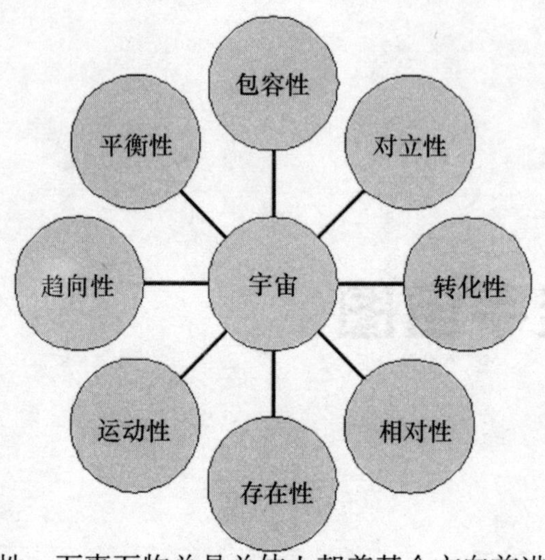

趋向性：万事万物总是总体上朝着某个方向前进。

平衡性：万事万物总是处于某种程度的平衡状态。

宇宙万事万物都是这八维不同程度的体现。

八维起源图

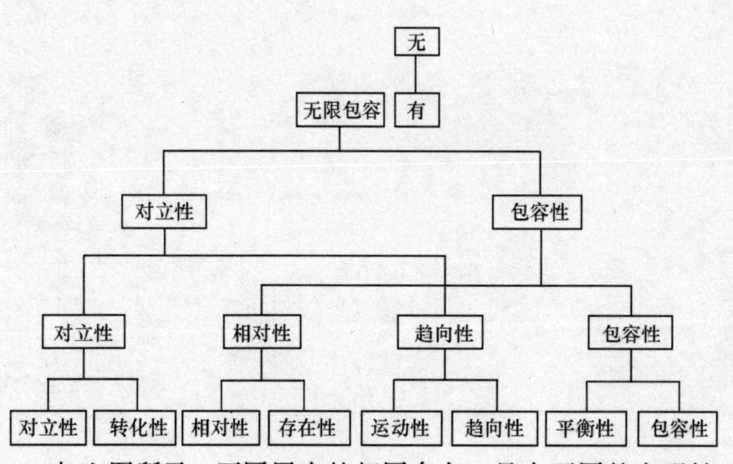

如上图所示，不同层次的相同命名，具有不同的宏观性。如第二层次的包容性是一种包容，第二层次的对立性，有、

无，难、易，长、短因对立而出现，同样是一种包容，第二层次的对立性和包容性共同体现第一层次的无限包容。第四层次的相对性是一种包容，第四层次的存在性是一种包容，第四层次的平衡性是一种包容，第四层次的包容性自然也是一种包容，它们是包容性更具体的体现，共同构成第二层次的包容性。

宇宙坐标系

对于坐标系，大家都非常熟悉。但不知道的是，坐标系也有平衡和不平衡的差别。我们以前学习的都是不平衡的坐标系，如直线坐标系、平面坐标系、空间坐标系。那什么是平衡的坐标系呢？平衡的一维坐标系是一维线圈坐标系，平衡的二维坐标系是二维球面坐标系，平衡的三维坐标系就是宇宙空间坐标系。那宇宙坐标系是不是就是平衡的三维宇宙空间坐标系呢？不是的，宇宙不仅仅是宇宙空间，宇宙坐标系是平衡的八维坐标系。

那何谓平衡与不平衡呢？对于一维直线、二维平面、三维空间，上面所有的点都有各自的位置，彼此间不平衡。而对于一维线圈、二维球面、三维宇宙空间，上面所有的点都相对处于中心，彼此间平衡。对于宇宙坐标系的八维来说，彼此之间没有高下之分，共同构成一个平衡。第零维包容性是最低的一维，同时也是最高的一维。

下图体现八维与具体事物的联系。万事万物总是包容着一定的事物，不同的事物具有不同的包容性，如海洋比水滴更具有包容性，水滴比水分子更具有包容性；不同包容性的事物具有不同的平衡性，如海洋比水滴更具有平衡性，水滴比水分子更具有平衡性；不同平衡性的事物具有不同的趋向性，如水滴比海洋更具有趋向性，水分子比水滴更具有趋向性；不同趋向性的事物具有不同的运动性，如水滴比海洋更具有运动性，水分子比水滴更具有运动性；不同运动性的事物具有不同的存在性，如海洋比水滴更具有存在性，水滴比水分子更具有存在性；不同存在性的事物具有不同的相对性，如海洋比水滴更具有相对性，水滴比水分子更具有相对性；不同相对性的事物具有不同的转化性，如水滴比海洋更具有转化性，水分子比水滴更具有转化性；不同转化性的事物具有不同的对立性，如水滴比海洋更具有对立性，水分子比水滴更具有对立性；不同的对立性具有不同的包容性，如海洋比水滴更具有包容性，水滴比水分子更具有包容性。

包容性	平衡性
海洋	水滴
水滴	水分子

对立性	转化性
水滴	水分子
海洋	水滴

趋向性	运动性
水滴	水分子
海洋	水滴

存在性	相对性
海洋	水滴
水滴	水分子

线的对立性

线是一维的，这是大家都认同的，而宇宙的第一维是对立性，线的对立性又如何体现呢？

万事万物之间，无不体现出对立性，如有、无，难、易，长、短等。虽然事物之间体现出对立性，但又不是绝对对立的。对立程度的高低，可趋向于无限。如下图所示：

对立性的平衡形式就是线圈。如下图所示：

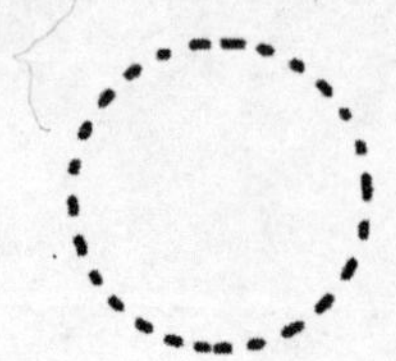

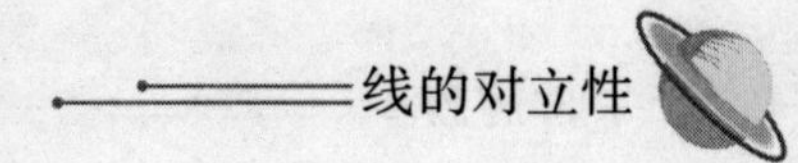

面的转化性。

面是二维的，这是大家都认同的，而宇宙的第二维是转化性，面的转化性又如何体现呢?

任何对立的两点，都在不断地转化。在转化过程中，对立程度不断地变化。如下图所示：

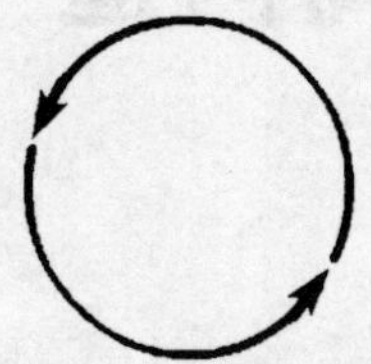

在转化过程中，每次的转化路径是不同的，无限的转化路径构造出面。如下图所示：

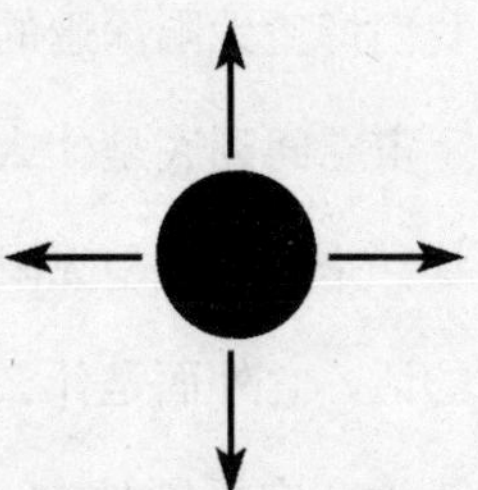

转化性的平衡形式就是球面。如下图所示：

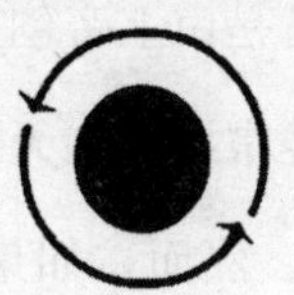

宇宙的空间构造

从古到今，每当我们仰望无限深邃的太空，脑海中自然会浮现出这样的问题，宇宙空间到底是什么样子呢？球体的？立方体的？或是其他形状？是有限还是无限呢？无限的话，它是如何构造的呢？有限的话，它外面是什么呢？

东方的神话传说认为宇宙天圆地方，是盘古开辟的天地。西方的神话传说认为宇宙是由上帝创造的。到了科学技术高度发展的今天，虽然我们经常沉浸在无限的神话幻想中，但很少有人相信神话的真实性。然而，如果不这样幻想，又该如何呢？无数的科学家为了揭示宇宙的面貌倾注了一生的时光，但他们展现的成果是无比高深的理论，或是让人头痛的复杂公

式，而且这些理论和公式还没有真正揭示宇宙的真面目。虽然现在无法确定宇宙的空间结构，但它总有个样子，这是大家都认同的。不然，所有的探索都失去了意义。

我的观点是，宇宙空间不是球体的也不是立方体的，更准确地说，它不是大家已经非常熟悉的三维几何体。对宇宙空间总的概括是，它是无限的，同时又是有限的；是直线的，同时又是弯曲的。

宇宙空间的无限性体现在万事万物都处于宇宙空间中心。就是你现在就处于宇宙空间中心，不管如何快速移动，到哪个地方，都处于宇宙空间中心。以前认为地球是宇宙空间中心或太阳是宇宙空间中心，并没有错。对于万事万物而言，宇宙空间都是以各自为中心而对称的，也就是宇宙空间中所有的点相对宇宙中的每一点都是对称分布的。仅仅这样说结论可能无法理解，下面降一维，用二维进行一下类比。把宇宙空间降为二维，它就是一个球面，万事万物都分布在球面上。想象一下球面，就会知道，不管事物处于球面的哪一点，不管如何移动，都处于球面中心，也就是球面上所有的点相对于球面的每一点都是对称分布的。思维从二维上升到三维，也就是宇宙空间中的每一点都是它的中心。如同膨胀的球面上的任何一点，离它越远的点越快地远离它，从不断膨胀的宇宙空间中任何一点看，离它越远的星球也同样越快地远离它。宇宙空间的无限性还体现在找不到它的三维边界。降一维，从二维角度看，也找不到二维球面的二维边界。思维从二维上升到三维，也就是宇宙空间不存在三维边界。万事万物都处于宇宙空间的中心，不存在三维边界，这就是宇宙空间的无限性。

那宇宙空间又如何是有限的呢？宇宙空间有限是指四维有界性和三维有限性。四维有界性是指任何事物处于宇宙空间中心的同时，又处于宇宙第四维存在性的边界。降一维，二维球面上每一点都处于三维边界。球面上每一点只要沿着法线方向即第三维方向移动，它就不属于原来那个二维球面了。而三维空间中的每一点都处于第四维存在性的边界也是同样的道理。宇宙中的事物如果不存在，也就离开了宇宙空间。思维从二维上升到三维，也就是任何事物都处于宇宙第四维存在性的边界。宇宙空间的有限性还体现在不管站在宇宙中的哪一点，往哪个方向看，如果看得足够远，穿透一切宇宙天体，最终将看到自己。降一维，一个球面上一点，朝着任意方向看去，因为二维球面的三维弯曲性，最终将看到自己。思维从二维上升到三维，因为三维空间的四维弯曲性，同样能看到自己。因此，宇宙空间的有限性通过四维有界性和三维有限性来体现。

那如何理解宇宙空间的三维直线性和四维弯曲性呢？降一

维，二维球面两点之间最近的线是二维球面的直线，而从三维高度来看是曲线。同样，对于宇宙三维空间的直线，从四维高度来看也是曲线。宇宙空间的弯曲性是指四维弯曲性，就三维角度来说，宇宙空间是直线的。不能绝对地说宇宙空间是直线的或是弯曲的，只是站在不同维度的角度具有不同的体现而已。

总的来说，宇宙空间包括无限性、有限性、空间直（曲）线性。无限性包括宇宙中每一点都相对处于宇宙空间的中心和三维无界性。有限性包括四维有界性和三维有限性。空间直（曲）线性包括三维直线性和四维弯曲性。

宇宙空间中心的推理

以前认为地球是宇宙的中心，结果不是；后来认为太阳是宇宙的中心，结果又不是；根据现在的认识，银河好像也不是宇宙的中心。讨论了那么多的不是，宇宙的中心到底在哪里呢?

画一条线，因为中心分割成的两边长度相等，可以找到它的中心。如果线无限长呢? 你会发现，线上任何一点都是线的中心。因为无限，任何点分割成的两边长度都是相同的。不可能画出无限长的线，这样的线的有限形式就是线圈。线圈是一维线的无限形式在二维的有限体现。线圈上任何一点都是线圈

中心。

画一个圆面，因为圆心到边的距离相等，可以找到它的中心。如果圆面直径无限长呢？会发现，圆面上任何一点都是圆面中心。因为无限，任何点到边的距离都是相同的。不可能画直径无限长的面，这样的面的有限形式就是球面。球面是二维面的无限形式在三维的有限体现。球面上任何一点都是球面中心。

画一个球体，因为球心到球面的距离相等，可以找到它的中心。如果球体直径无限长呢？会发现，球体内任何一点都是球体中心。因为无限，任何点到球面的距离都是相同的。不可能画直径无限长的球体，这样的球体的有限形式就是宇宙空间。宇宙空间是三维空间的无限形式在四维的有限体现。宇宙空间中任何一点都是宇宙空间中心。

空间的相对性

宇宙空间是三维的，这是大家都认同的，而宇宙的第三维是相对性，那宇宙空间的相对性又如何体现呢？

在通常的认识里，宇宙空间确实存在，即使把占据它的事物拿开，那个空间依然存在，空间又如何来相对呢？原因在于，万事万物都处于宇宙空间中心，是指相对处于宇宙空间中心。因为相对，才有空间，才具有一定大小和体积。如果绝对处于宇宙空间中心，那么宇宙空间就是一个点。

如上图所示，假设上图是三个由点构成的球面。站在相对

的角度来说，球面上所有的点都处于球面中心。相对性不同，球面大小不同，球面越大，越体现相对性。如果球面上所有的点都绝对处于中心，球面就缩小为一个点。思维从二维上升到三维，宇宙空间就是因为相对性而出现。越体现相对性，宇宙空间越大。

宇宙空间的层次性

宇宙空间并不仅仅是现在所看到的那个广阔的空间，它还有横向和纵向划分。

横向划分就是微观和宏观的划分。我们平常所看到的一切，是宇宙空间的宏观体现。从分子、原子不断地往下，就会进入微观宇宙。宏观粒子是由微观粒子构造的，宏观宇宙是建立在微观宇宙之上的。宏观世界看不到微观粒子，是因为微观粒子体现了新的运动即第四维存在性运动，是三维空间运动的质变，也即存在性变化。微观粒子不断地穿梭在不同层次的宇宙。当粒子由本层次宇宙进入其他层次宇宙，就是粒子的湮灭，是微观粒子存在性变化的体现。

微观宇宙粒子进行第四维存在性变化的同时也进行第三维相对性的变化。越微观的粒子越体现存在性变化，越宏观的粒子越体现相对性变化。因为空间的相对性，粒子的相对性变化体现为空间的变化。无数微观宇宙粒子相对性变化的宏观体现就是通常看到的宏观事物的三维空间运动。无数微观粒子存在性变化的宏观体现就是未来的空间跳跃。

宇宙万物的八维是一个逐渐变化的过程，当这个变化引起质变的时候就构成了宇宙的纵向划分。

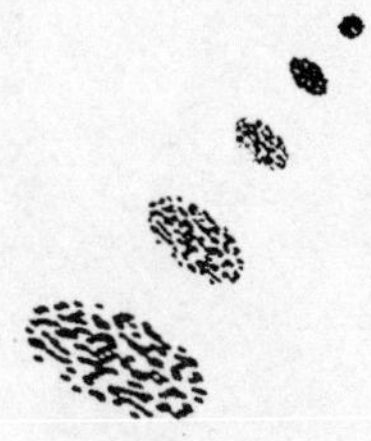

如上图所示，把点集当做三维宇宙空间。宇宙空间是由这些不同层次宇宙空间共同构成的。越往上，包容性越低，平衡性越低，趋向性越高，运动性越高，存在性越低，相对性越低，转化性越高，对立性越高。越往上，因为相对性越低，所以空间越小。站在最高层次宇宙空间看，宇宙接近一个点。未来的空间跳跃，是一个从低层次宇宙空间到高层次宇宙空间再到低层次宇宙空间的过程。如果能到达最高层次宇宙空间，这样的过程就可以让你在宇宙的任何地方出现。因为从我们所在的这个层次宇宙空间任一点到最高层次宇宙空间所需的第四维存在性变化过程是一样的，最高层次宇宙到我们所在的这个层次宇宙空间任一点所需的第四维存在性变化过程也是一样的。

空间旅行

如此浩瀚的宇宙，如此广阔的太空，人类显得如此渺小。即使在我们眼里如此庞大的太阳系，在宇宙中也只是一粒灰尘似的存在。现在，连太阳系都走不出去，更不要说离开银河系，更何谈随便就是几百万、几千万光年的各星系距离。难道要以这每秒几百、几千公里的速度跑到其他星系去玩玩，这显然是不现实的。但宇宙既然让自己如此广阔，它自然会提供办法让我们到达，因为宇宙是合理的。就像有天空，自然就有飞翔的办法；有太空，自然就有生存的对策。既然有问题的存在，自然就有解决的办法，只是能力够不够而已。那我们又将如何进行真正的宇宙空间旅行呢？

其实，归根结底就是一个速度的问题，但速度不是想象的飞船飞得如何如何快的问题。任何宇宙事物都有它的三维速度极限，宏观的平衡体都由微观平衡体构造，并且处在微观平衡体的包围中。如果不断地加速，最终会解体成更小的平衡体，而更小的平衡体又可以承载更大的速度，同时又不断地往下解体。即使极限速度达到光速，也就那么快而已。在这种情况下，纯粹的三维方式宇宙空间旅行就不那么现实了。

宇宙是多层次的，横向分为宏观宇宙和微观宇宙，纵向划分为不同层次的宇宙。每一层次宇宙，宏观宇宙是微观宇宙的宏观体现。不同层次宇宙，运动性越高，存在性越低。微观粒子的存在性变化体现了不同宇宙层次不同的存在性。

那如何进入高层次宇宙呢？就是提高运动性，降低存在性，即提高组成宏观事物的微观粒子的速度。不断地提高微观粒子的速度，存在性不断降低。构成宏观事物的微观粒子的存在性变化加剧。当大多数微观粒子达到一定速度即存在性低到一定程度，宏观事物也就可以说不存在，就会从我们这个宇宙层次消失，进入运动性更高的宇宙层次。继续不断地提升微观粒子的速度，就会不断地进入运动性更高的宇宙层次。运动性越高，相对性越小，更高层次宇宙空间就越小。当微观粒子达到宇宙绝对速度，最高层次宇宙空间就接近一个点了。当然，达到宇宙绝对速度是未来离开宇宙所需要的，空间跳跃并不需要达到这个速度。不过，微观粒子达到的速度越高，空间跳跃的距离就越远。如果达到宇宙绝对速度，就可以在宇宙任何地方出现。当微观粒子到达某个宇宙层次，就开始降低微观粒子的速度，最后回到我们这层次的宇宙。就如同飞机在天上飞，有三维的方向，空间跳跃的过程同样有方向，不过是四维的方向。就如同三维运动是在二维运动的基础上加上第三维变化的结果，第三维变化越大，就可以飞得越远。四维运动即空间跳跃是在三维空间运动基础上加上第四维变化的结果，第四维变化越大，就可以跳跃更远的空间距离。

这么远的三维距离，通过太空飞行需要无数的燃料，为什么一个空间跳跃就能达到呢？第一，在消除其他事物的影响下，车在光滑的球面上跑，是二维运动。当车达到一定速度，车子就会飞起来，进入三维运动。三维运动是二维运动质的变化，而四维存在性的变化是三维空间变化质的体现，存在性的一点变化在三维空间来说是巨大的变化。第二，运动性变化的宏观需求就是能量，能量自然就要燃料来提供。能直接使微观粒子存在性变化的燃料的宏观体现必然就如同黑洞不断地燃烧吞噬物质。车的二维运动，驴都可以拉着走，三维运动就必须要燃料了，能量密度的差别可想而知。能量密度更大的一千克铀相当于多少吨煤呢？那超越铀的燃料黑洞呢？空间跳跃所花的能量并不比空间飞行少，只是所用的能量密度不同，并且不同维度的运动能承载的能量释放密度是不同的。

想到空间旅行，自然会联系到飞碟，为什么飞行器会做成这个样子呢？它有什么奇妙的地方吗？其实，之所以这么思考，是我们总喜欢把简单的问题复杂化。飞碟并没有想象的那么复杂，如果我们未来进行空间旅行，飞行器也会是飞碟的形状。两个主要原因，一是它的对称性非常适合进行空间跳跃，二是它的形状非常适合在星球降落，就如同科学家并没有把载人飞船做成歼击机那样漂亮的样子，而是一个圆筒的形状。

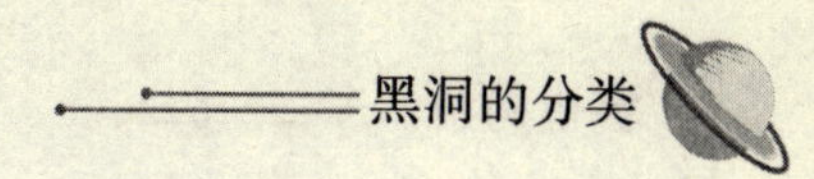

黑洞的分类

宇宙的黑洞有两种类型，即宇宙黑洞和燃料黑洞。

宇宙黑洞，是指黑洞本身就是一个宇宙。它具有完全的吞噬性，能吞噬宇宙中的一切，它吞噬的是宇宙的最低层次的粒子。

燃料黑洞，是指黑洞本身就是一种燃料。之所以叫黑洞，是因为它能燃烧几乎所有的一切，就如同黑洞不断地吞噬所遇到的一切。燃烧本身就是事物运动性的体现，从煤、石油，到铀，再往下呢？铀的燃烧是一个连锁反应的剧烈形式，原子弹类型的爆炸具有强烈的毁灭性。那比这类爆炸更强烈的话，会是何种形式呢？会更强烈吗？也许存在，但爆炸强烈到一定程度，就会从量变到质变，就是燃料黑洞的燃烧。如果把它做成一枚炸弹，爆炸后，并不会摧毁其他事物，而是直接让事物不存在，再到存在，在遥远的宇宙空间某处出现。燃料黑洞就是未来进行宇宙旅行所需要的能源，通过控制它的燃烧来进行空间跳跃。

宇宙黑洞具有完全的吞噬能力。自然，任何宏观事物都不可能靠近它，只能孤独地存在于宇宙空间中。而对燃料黑洞而言，虽然同样有很强的吞噬能力，但终究只是燃料而已，任何燃料都有它无法燃烧的物质。因此，燃料黑洞是可以出现在星球上的，出现在星球上的燃料黑洞具有两种形态。一种是通过长时间的燃烧，一层无法燃烧的物质包裹着它，处于稳定的状态。另一种是一部分被无法燃烧的物质包裹，没有包裹的一面仍然具有强烈的吞噬性，再过一段时间，也会被完全包裹。因此星球上出现的无限吞噬物质现象的地方必然存在着燃料黑洞。

燃料黑洞，除了可以用来进行空间跳跃，也可以用它构造武器，这种类型的武器就是湮灭弹。因为它几乎可以吞噬一切，因而也会是其他武器的克星。当然，这种燃料也可以用来清理垃圾。如果某个核电站发生泄漏，就可以直接燃烧它，把它传到遥远的太空。

宇宙空间定位

飞机在地球上空飞行，可以在地图上进行定位。如果宇宙飞船在太空中航行，站在整个宇宙的角度，又如何来定位呢？

下面开始构造，假设 A 点代表宇宙飞船，其他点代表宇宙天体。因为宇宙万物都相对处于宇宙中心，所以代表宇宙飞船和宇宙天体的点都处于宇宙中心。A、B、C、D 为真实物体，A'、B'、C'、D' 为构造物体。构造物体是什么呢？就如同地球上一点 A，绕地球一圈重新回到的第二个 A 点就是构造点 A'。如下图所示：

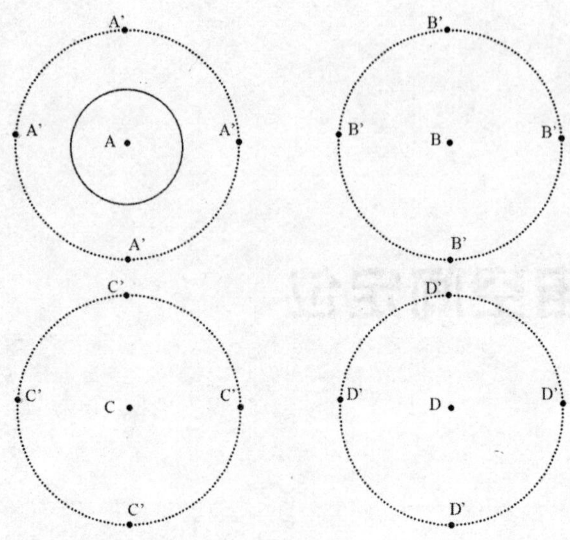

以宇宙飞船 A 为参考点，实线圈为宇宙空间，虚线圈为构造空间。构造空间存在的目的是为了更好地理解宇宙空间。就如同把地图面积扩展一倍，可以更好地理解地球是圆的。相对于参考点 A，其他点取各自相对位置。在实线内为真实物体，在实线外为构造物体。如下图所示：

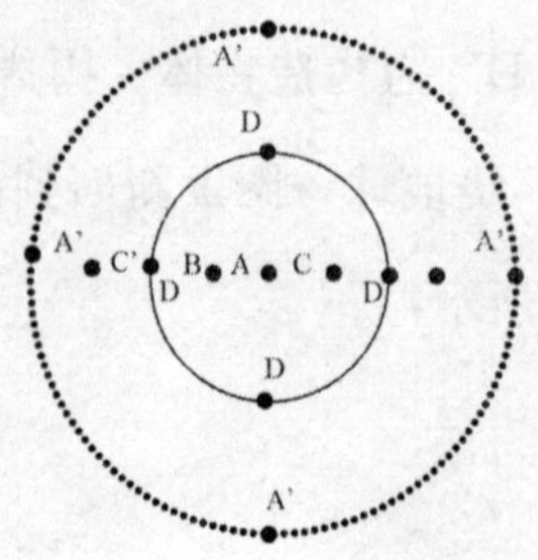

从上图可以看出，实线圈其实就是一个点。假设 A 不断地向右飞行，相对 A 点，B、B'、C、C'、D、D' 不断向左移动。当 B、C、D 移入实线圈外，即为 B'、C'、D'。当 B'、C'、D' 移入实线圈内，即为 B、C、D。

如果画三维图，实线圈即球面，整个球面就是一个点，就是距 A 最远的一个点。相对于飞行的方向，中间的虚线圈为极圈。如下图所示：

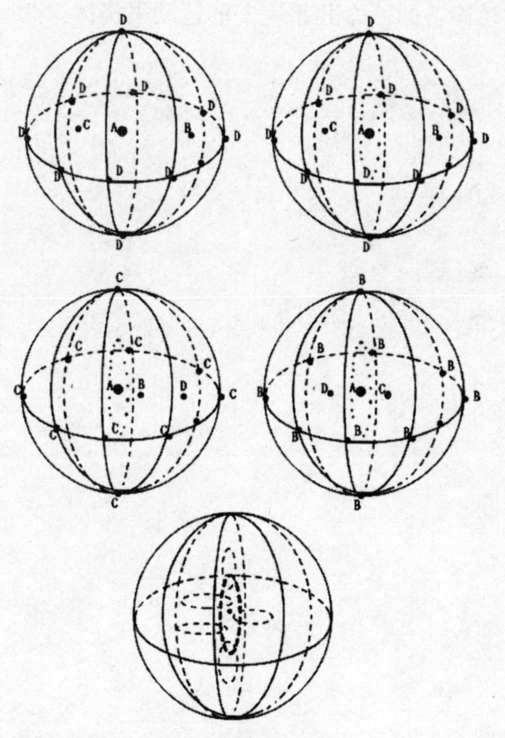

宇宙构想

当飞船向右飞行，极圈与飞行方向垂直。相对于飞船的运动，所有的天体以极圈为中心旋转，就如同在吞噬飞船。想象时需要注意的是整个实线外球面是一个点。站在三维角度看待宇宙，宇宙中的事物朝着各个方向运动，每个方向都有相应的极圈。以任何一个事物为参考，其他事物构造出吞噬现象。站在整个宇宙的角度，所有吞噬现象在三维的共同体现就是通常看到的宇宙黑洞。当然，这只是表象而已，真正的本质是宇宙万物的运动构造的一个几乎完美的运动平衡体。

独立的宇宙空间存在吗

我们经常进行这样的思考、想象，假设宇宙的物质全部消失，那空间会独立存在吗?

其实，回答这个问题很简单。之所以简单，是因为这是一个概念性的问题。宇宙空间是三维的，而存在是四维的。问这样的问题，就如同问线条有面积吗?平面有空间吗?这样就自然得出结论，独立的宇宙空间是不存在的。更准确的解释是，宇宙万事万物都是八维的共同体现，任何单独的一维或几维都不能构造出具体的事物。

四维空间存在吗

对于三维空间，每个人都有深刻的认识。随着对三维空间更深入的思考，自然而然就会出现这样一个问题，四维空间存在吗？

其实，提这样的问题，是思维惯性使然。通常说点是零维，接下来，为什么不说一维点，而要说一维线呢？再接下来，为什么不说二维点、二维线，而要说二维面呢？再接下来，为什么不说三维点、三维线、三维面，而要说三维空间呢？再接下来，没说四维点、四维线、四维面，为什么要说四维空间呢？既然前面把各维用不同的名字分开，后面为什么又不变呢？虽然从表面上看，名字无所谓，但它会从根本上误导人的思维。

四维空间不是存不存在的问题。重要的是，就算把它叫四维臭虫，或四维后面加上其他任何词，也不应当加“点”、“线”、“面”、“空间”。没有叫四维点，也没叫四维线，同样没叫四维面，自然也不应当叫四维空间。我在四维后面加的词就是“存在”，即第四维存在性。

宇宙是充实的吗

任何宏观事物之间都具有空间，而空间中又填满了分子、原子，分子、原子之间又有空间，空间中又填满了更小的粒子，更小的粒子之间又有空间。这样不断地往下，那是不是独立的空间又能够存在呢？

这个问题的思考同下一个问题类似。1 米的距离，0.9 秒走完 0.9 米，还有 0.1 米，再用 0.09 秒走完 0.09 米，还剩 0.01 米，不断地往下走，不断地剩一定的距离，那是不是就意味着永远走不完这 1 米呢？之所以会出现这样的疑问，是因为我们以有限的思考方式代替无限的思维。“不断地往下”，从表面上看，这是一个无限的过程。其实并不是，这只是一个不

断地接近过程。不管如何接近，“剩一定的距离”，就是还没达到。无限是一个完美的过程，以一个接近完美的过程来代替完美，这就是问题的原因所在。当对教科书上无限的概念有一个本质理解的时候，这样的疑问自然不复存在。宇宙不是绝对充实的，但它是无限充实的。

存在的体现——质量

通过学习物理，我们对质量有了一定的了解。通过科学研究，得出了许多和质量有关的定理、公式，并运用到了科学领域的各个方面。可是，对于质量的本质，还没有一个统一的认识。

其实，质量是宇宙存在性的一个体现。任何平衡体都是不断变化的。质量作为存在性的体现，也是不断变化的。一小部分微观粒子不断进入其他层次宇宙，其他层次宇宙微观粒子也进入这个平衡体，构造出平衡体存在性的一个平衡，这也就是宇宙万物为什么能存在这么长的时间。虽然变化不大，但那一点点差别也就体现出质量的不断变化，只是变化太小了而已。

通常说质量守恒，是站在宏观的角度，当质量的变化小于某个精度或小于到探测不了的程度，可以认为质量守恒。因为相对性，不存在绝对的质量守恒，所谓的守恒只是相对于某个平衡层次而已。

站在宇宙坐标系的角度，任何一维的变化是其他维变化的共同体现，任何一维的变化是由其他维变化引起的。平衡体存在性的变化也即质量的变化是可以通过改变其他维来影响的。例如，事物运动性的变化在宏观的体现就是温度，宏观事物温度的变化是分子类粒子运动的体现，微观粒子温度的变化是更底层粒子运动的体现。温度的变化会引起事物存在性的变化也就是质量的变化。越宏观的温度对质量的影响越小，越微观的温度对质量的影响越大。当这样的影响达到极致，质量就接近无限小，事物也就进入了其他层次宇宙。未来的空间跳跃也可以说是通过控制温度即控制燃料黑洞的燃烧来进行的。

下面通过质量来理解空间跳跃，事物从宇宙空间 A 点跳跃到 B 点。一个事物质量对宇宙各点的影响就是万有引力，离它越远的点质量的影响越小。如下图所示：

当事物进入高层次宇宙。由于宇宙不存在绝对独立的事物，即使不同层次宇宙空间也是同样有联系的。如下图所示：

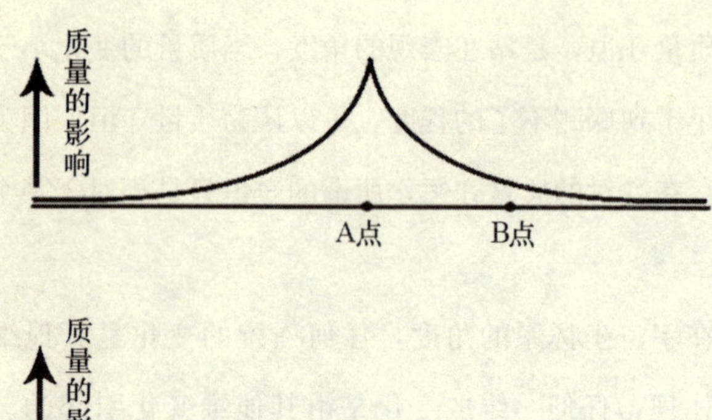

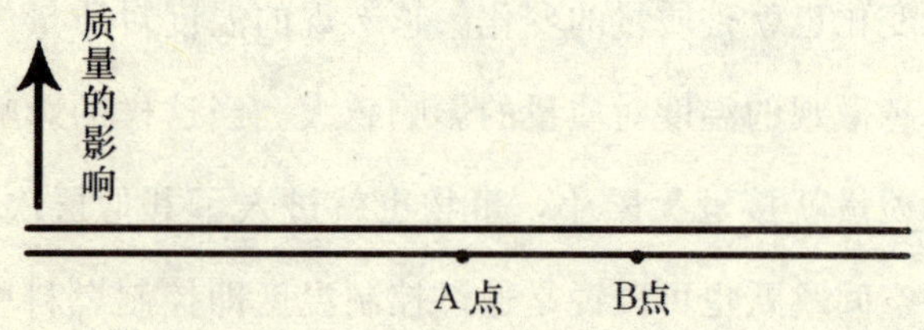

当事物进入最高层次宇宙空间。因为最高层次宇宙空间与我们这层次宇宙空间每一点的联系是一样的。如下图所示：

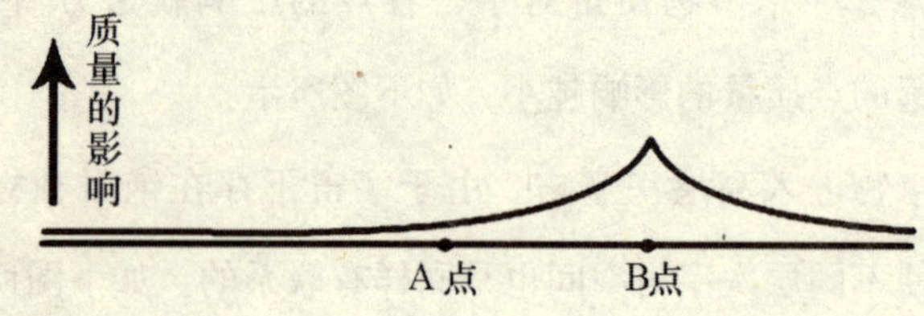

当事物从最高层次宇宙通过控制方向进入低层次宇宙。如下图所示：

质量的影响

A 点 B点

当事物进入我们这层次宇宙到达 B 点。如下图所示：

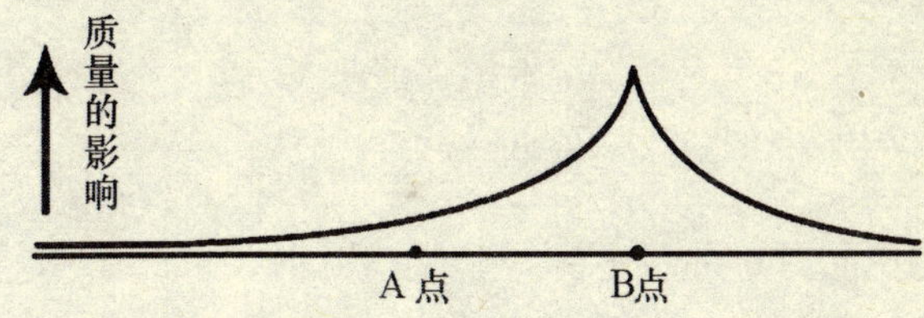

运动的最高形式——共振

事物的运动形式是多种多样的，不同的运动有不同的特点。在所有的运动形式中，最高的运动形式就是共振。

任何事物都是一个平衡体，任何一个平衡体都是无数低层次平衡体的宏观体现。对于一个平衡体，当构成它的低层次平衡体具有相同的趋向性，这个平衡体就体现运动的最高形式即共振。低层次平衡体趋向性的相同程度越高，越具有共振性。对于宇宙来说，事物的共振性越高，越不平衡，趋向性越高，演化速度越快。

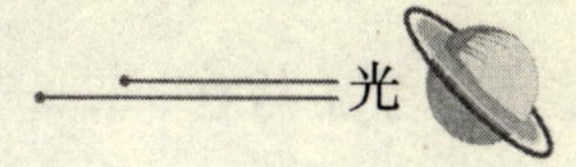

光

光的存在影响到了生活中的点点滴滴。然而，我们对它还不是完全了解，通常来说存在以下几点疑问，在运动的状态下发射光，光速为什么不增加？同一束光，在不同的运动状态下测量，为什么光速相同？光速是宇宙最高速度吗？光速会不会变化呢？

在运动的车上往前扔石头，在地面上测量，石头的速度等于扔石头的速度加上车的速度，这是很容易理解的。为什么在运动的车上发射光，光速不增加呢？原因在于，车和石头构成一个平衡体，石头的运动是建立在这个平衡体之上的。而在车上发射光，光和车子并没有构成一个平衡体，发射光这个行为只是触发了另一个平衡体的事物的运动。就如同站在静止的船上往水里扔一块石头，触发水这个平衡体，触发的声音以一定的速度在水中传播。站在飞行的飞机上往水里扔一块石头，触发了水这个平衡体，触发的声音以同样的速度在水中传播。声音在水中的速度不会因为触发物的速度而改变，光的速度之所以不增加，也是同样的道理。

一辆汽车的运动，在不同的相对运动状态下测量它的速度，结果是不同的，这是很容易理解的。为什么同一束光的运动，在不同的运动状态下测量它的速度，结果却是相同的呢？原因是，不同的运动状态，在第四维的体现就是存在性的不同，即处于不同的存在层次。事物运动变化体现为第四维存在性的变化，由一个速度变为另一个速度就由第四维一个刻度进入另一个刻度。空间跳跃是建立在不同层次宇宙空间基础上的，站在更广义的角度来说，任何运动变化都是进行空间跳跃。只是因为我们这层次宇宙空间具有第四维存在性的厚度，当空间跳跃过程小到能分辨的程度或存在性的变化不超出这个厚度，也就体现为三维空间运动了。虽然光波的运动体现为三维，但光波的触发是第四维的运动，就如同水波以二维的方式沿水面传播，而水波的触发是第三维的运动。我们都知道，水波的传输并不是水分子的传输，水分子是垂直水面进行第三维

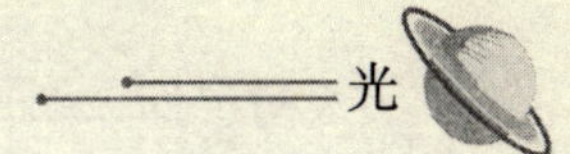

运动的。在不同的运动状态下测量光速，也就是在不同的存在性刻度下测量光速。降一维理解，就如同在不同的水面深度测量水波的速度。不同的运动状态测量光速体现不同的第四维的刻度，就如同不同的水面深度测量水波的速度体现不同的第三维刻度。这也就是为什么在不同的运动状态下测量光速得到相同的结果。

因为相对性，不存在绝对的最高速度。不同的平衡体能承载不同的极限速度，就如同第一、第二、第三宇宙绝对速度。如果非要说光速是绝对速度，那也最多是我们这层次宇宙空间的最高速度。

因为相对性，不存在绝对不变的运动，光速也是不断变化的。只是因为光速是架构在我们这个层次宇宙基础上的，就如同事物在地球上的万有引力是架构在地球基础上的。地球的质量是不断变化的，这是我们都认同的，只是变化太小了，已经小到对事物万有引力的影响无法察觉的地步。相对于我们这层次宇宙这个更大的平衡体，变化就更小了，光速的变化小到我们无法察觉也是很正常的。

量子宇宙

任何平衡体都包容着一定的事物，并与外界有着或多或少的联系，当这个联系相对本身包容的事物小到可以忽略不计的时候，这个事物就可以称为量子。这个联系相对于自身包容的事物越小，就越具有量子性。

站在这个角度，任何事物都具有一定程度的量子性。当量子性达到极致，也就是外界联系相对于自身无限小，就是一个真正的量子。任何有限的事物都只是近似为量子，只有无限宇宙才是一个真正的量子。因为与外界联系无限小，也就不存在外界。它是无限包容的、无限平衡的、无限趋向的、无限运动的、无限存在的、无限相对的、无限转化的、无限对立的。

包容性越高，总是越具有量子性。越具有量子性，与外界联系相对越小，因而平衡性越高，趋向性越低，运动性越低，存在性越高，相对性越高，转化性越低，对立性越低。

时间是宇宙的一维吗

在对宇宙的认识中，时间是最奇妙的。通常，把时间作为宇宙的一维，那是不是这样呢？

虽然我们经常接触到对时间的讨论，但很少真正思考时间是如何体现的。事物总是具有一定的包容性，总是处于某个平衡的状态，因而总是一个平衡体。当这个平衡体的运动性无限小时，这个平衡体也就无所谓时间。时间，是宇宙第五维运动性的体现。事物不同的运动性，体现不同的时间流速。

站在整个宇宙的角度看，不同的宇宙层次运动性越高，时间流速越快。而事物作为量子，运动越快，与外界联系越少，量子性越高，平衡性越高，运动性越低，时间流速越慢。

这就可以看出事物作为一个量子和作为一个平衡体在时间体现上的差别。量子，运动越快，时间流速越慢；平衡体，运动性高，时间流速快。以人为例，人作为一个量子，在空中飞行，速度越快，时间流速越慢；人作为一个平衡体，进入运动性高的宇宙层次，时间流速越快。

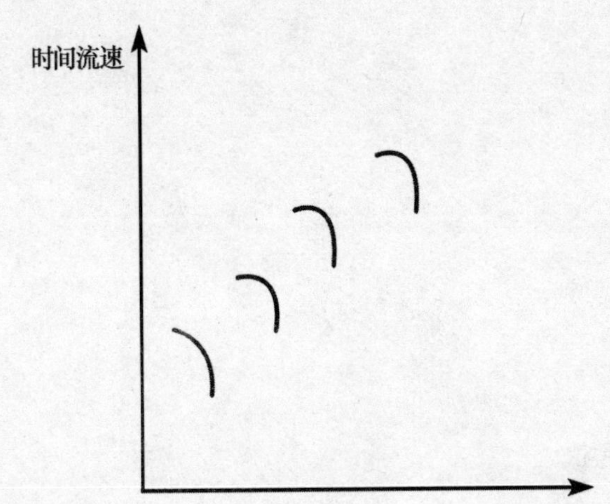

如上图所示，相对某一个宇宙层次，平衡体作为量子三维速度越快，时间流速慢；相对不同宇宙层次，平衡体运动性高，时间流速快。

通常会思考，运动性不同的事物，时间流速不同，时间差会如何体现？之所以会产生这样的疑问，是因为把时间当做一条轴线，宇宙万物沿着轴线前进，一旦有事物落后，它如何赶上来。其实，时间并不是一条所谓的轴线，它只是运动性的体现，就如同质量是存在性的体现，力是趋向性的体现。要通过运动性来思考时间，时间不是宇宙的一个完全独立的体现。

能进行时间旅行吗

进行时间旅行，是每个人都幻想的事。在人们创作的许许多多小说、电影作品中，讲述人类回到过去发生的事，里面的情节是多么的让人着迷。那真的可以进行时间旅行吗？如果回到过去，会改变历史吗？如果改变了历史，现实会发生变化吗？无数引人入胜的想象让我们不断地沉迷在这个问题中。

简单地说，如果存在比我们这个宇宙层次运动性低，存在性高的宇宙层次，在那里过一年，就会相当于我们这层次宇宙过了许多年。在那个宇宙层次生活一段时间回到我们这个宇宙层次，从一个角度来说，因为你生活在这个层次宇宙的亲人朋友变老了，可以认为我们能到达未来。从另一个角度来说，只是延长了寿命或只是存在性提高了而已，就如同把人冰冻起来使老化速度变慢一样。

在相对我们这个宇宙层次运动性高、存在性低的宇宙层次中生活许多年，我们这个宇宙层次才过了一年。在那个宇宙层次变老了回到我们这个宇宙层次，从一个角度来说，因为你生活在这个层次宇宙的亲人朋友还很年轻，可以认为回到了过去。从另一个角度来说，只是缩短了寿命或存在性降低了。就如同不断地加快你身体的新陈代谢，在短时间内完成你的生命演化过程。

不存在绝对的时间旅行，所谓的时间旅行最终只是事物运动性不同的宏观体现而已。另一个可能的体现就是在精度允许的条件下，重新构造出和以前相同的事物，就如同回到过去，就像电脑操作系统的恢复。

趋向性的体现——力

力，在生活中是无处不在的，每个人对它都是深有体会的。然而，随着科学研究的不断深入，各种类型的力不断地出现。在宇宙的深奥让人感叹不已时，自然也会产生这样的疑问，各种力共同的本质是什么呢?

力，就是宇宙第六维趋向性的一个体现。万事万物都具有包容性，总是包容着一定的事物，不同包容性的事物具有不同的平衡性。宇宙没有绝对平衡的事物，总是由不平衡趋向于平衡，而不同层次的平衡体所具有的这种趋向性就是力。所有的力并没有本质的差别，只是由于处于不同的平衡层次，所以具有不同层次的宏观体现。

力的速度是多少

其实，这个问题同“独立的宇宙空间存在吗”类似。力是万物具有的第六维趋向性的体现，速度是万物具有的第五维运动性的体现。宇宙万事万物都是八维的共同体现，八维中的每一维都是事物具有的性质，不是具体的事物。所以不存在哪一维拥有多少其他维的问题。就如同在二维平面坐标系中，只有坐标系中具体的线才有 y 有多少 x，就坐标系本身来说，y 和 x 是不同的维度，y 无所谓有多少 x。因此，这个问题不是回答多少的问题，也不是该如何回答的问题，而是根本不应当成为问题。

平衡的终极——帝

任何事物，都处于某一层次的平衡中。相对于这个层次的平衡，平衡的终极，就是帝。

对于万事万物而言，因为具有包容性，总是包容着一定的事物。因为具有平衡性，包容的事物总是处于某种平衡状态。那这些平衡之间有什么差别呢？以人为例，一个人，具有气吞山河的气魄，当他能同时把握住平衡，他就是帝；具有这样大的气魄，当他把握不住平衡，他就是霸；没有这样大的气魄，当他能把握住平衡，他就是明；没有这样大的气魄，当他把握不住平衡，他就是弱。相对于每一个平衡层次，帝，同时体现较高的包容性和平衡性，他是众望所归的；霸，体现较高的包容性，较低的平衡性，最终是昙花一现；明，也就是精明，体现较低的包容性，较高的平衡性，通常是如鱼得水；弱，体现较低的包容性，较低的平衡性，可能真的很弱，也可能大智若愚，虽然弱，但它是最有可能转化为帝的。

平衡的过程，是一个美妙的过程。对一个平衡本质的把握，是一次平衡的质变。每一次平衡的质变，是一次包容的提升，不断地质变，不断地包容，直至无限包容。

包容性的理解

宇宙的最终体现是无限包容，对于包容性，如何理解它呢?

宇宙中任何事物的演化，总体上来说是朝着越来越包容的方向前进的。对包容性的理解，可以说是最容易的，也可以说是最难的。下面就通过例子稍微理解一下，一滴水和一片海洋，海洋包含无数水滴，自然更具有包容性。水和水蒸气，是水分子的不同宏观体现，作为平衡体，水蒸气的运动性大于水，因而水的包容性大于水蒸气，水包容性高的具体体现就是可以更好地产生生命。对于人类文明，相对封建社会，现在的社会文化更加多姿多彩，因而更具有包容性。

其实，对于任何一维，都不可能有一个明确的定义。虽然各维在现实中都有相应的具体体现，但对宇宙任何一维的理解，都不应当站在具体、狭隘的角度，需要思维的无限发散，也就是要不断地提升思维层次，站在更广义、更宏观的角度认识它们。

为什么是八维

在我们的脑中，一定存在着这样一个疑问，宇宙凭什么是八维，而不是其他维呢？存不存在其他维的宇宙呢？如果宇宙继续演化的话，会不会演化成十六维呢？

之所以会产生上面的疑问，是因为思维处于绝对的状态。认为宇宙是八维，就绝对是八维。其实，宇宙之所以是八维，是站在人类正常的思维层次去看待宇宙，可以基本理解。也可以说宇宙是零维的，即宇宙是无限包容的。也可以说宇宙是二维的，即宇宙的对立性和包容性。更本质地说，站在不同的思维层次看，宇宙可以是任意维的。宇宙并不绝对处于多少维。如可以说宇宙是五维的，即通常所说的金、木、水、火、土。

只是维度越低，理解越困难，要求的思维层次越高。然而，知道一个思维层次的存在，并不代表就达到了这个思维层次，因为仅仅是知道而已。

宇宙最基本的存在——“奇点”

在通常的认识里，奇点是无限小的点，宇宙的基本组成是奇点，宇宙的奇点是无限小吗?

对于宇宙，奇点是无限小，但不是通常想象的理论上的无限小，即不是绝对无限小。说宇宙的基本组成是奇点，是因为它符合奇点所需要的所有特性，运用宇宙里的任何测量方法都只能测量出宇宙基本组成的体积为零。其实应当说根本无法测量，就如同用尺无法测量原子的体积。

宇宙的基本组成不是理论上的无限小，但它又是奇点的原因是，从理论上说，宇宙仍是有限的，宇宙的精度仍是有限的。宇宙的基本组成就代表着宇宙的精度。奇点作为宇宙的基本组成，无法精确测量自身，也就如同无限小。而奇点本身就是宇宙，它本身还有自己的奇点。站在高层次宇宙来说，我们的宇宙也是奇点。

宇宙的演化——蜕变

从分子到原子，从地球到人类，从星系到星球，宇宙中的万事万物在不停地变化发展。想到这些，就会出现这样一个问题，宇宙是如何演化的呢？

宇宙的演化可以说是一次次的蜕变过程，每一次的蜕变可以说是从爆炸开始的。爆炸开始前，宇宙绝大部分宏观事物是黑洞，所有黑洞不断地吞噬，宇宙收缩得越来越快，到最后，当宇宙奇点全部被黑洞吞噬完，宇宙收缩成一个点，这个点是所有黑洞凝聚在一起构成的。宇宙开始蜕变成更高层次的宇宙，在更高层次宇宙的表现就是从一个奇点蜕变成宇宙黑洞。蜕变前宇宙的黑洞成为新宇宙的奇点，新宇宙开始从蜕变前的更高层次宇宙中吞噬奇点，蜕变前的更高层次宇宙成为新宇宙的母宇宙。

新宇宙开始了爆炸，随着新宇宙的不断吞噬，开始了加速膨胀，为什么会加速膨胀呢？因为宇宙的膨胀是一个宇宙绝对速度不断提升的过程，而吞噬的奇点会以宇宙绝对速度进入新宇宙。宇宙初期的演化就像一辆边加油边提速的车，油加得越来越快，车子的最高速度也越来越高。当加的油无法通过提升速度耗完，相对于车子积累下来的油，宇宙积累的奇点就构造出宏观事物。随着宇宙的成长，吞噬性越来越强，并且母宇宙奇点进入新宇宙的速度越来越快。这样的吞噬过程，就如同在一盆冷水中不断地加入更热的水。与冷水和热水并没有完全混合一样，新宇宙就构造出不同层次的宇宙。站在整个宇宙的角度来说，宇宙在不断地升温。站在不同层次宇宙的角度来说，从运动性更高的层次到运动性更低的层次，宇宙就好像在不断降温。其实在宇宙的膨胀过程中，宇宙的整体温度是提升的。不断地加入热水，即开始的冷水就是最早存在的。因此，除非有存在性更高的宇宙层次，否则，我们所生存的这个宇宙层次就是宇宙最古老的存在。随着进一步演化，新宇宙不断产生黑洞，随着黑洞的增多和吞噬性增强，新宇宙膨胀的加速度不断减小。

当达到一个平衡，新宇宙就进入稳定，不再膨胀。随着新宇宙黑洞的进一步增多和吞噬性进一步增强，新宇宙开始缩小。到最后，新宇宙绝大部分宏观事物是黑洞，黑洞吞噬得越来越快，新宇宙收缩得越来越快。最终，新宇宙收缩成一个点，又开始蜕变成更高层次的宇宙。

如果有那么多的宇宙存在，那其他宇宙的文明会不会进入我们的宇宙呢？至少在宇宙的膨胀过程是不会的，自己也无法出去。因为膨胀的宇宙是一个绝对速度不断提升的过程。我们不管如何提升速度，比宇宙新的绝对速度总是要低，自然无法离开。从另一个角度来看，膨胀的宇宙就如同一个胚胎，由母宇宙不断地抚育。这也是宇宙总是合理的一个体现，如果任何文明可以随意进入一个新生的宇宙，那一切都乱套了。但随着宇宙稳定或开始缩小，就可以离开宇宙，同时外宇宙文明也可以进入我们的宇宙。

无限宇宙与有限宇宙

对宇宙讨论了那么多，有时宇宙是无限的，有时宇宙又是有限的，那宇宙到底是无限还是有限的呢？

无限的宇宙是指真正无限包容的宇宙，就是所有的一切构造的唯一的宇宙，是无数有限宇宙的共同体现，是一个任何语言都无法具体表达的宇宙。任何一个具体的表述都会差之毫厘、谬以千里。只能是思维层次的不断接近，每一次接近都会是一次心灵的震撼。

有限的宇宙就是平常所探索的具体的宇宙，与无限宇宙相比，虽然是有限的，但也是麻雀虽小、五脏俱全。

对于文章中出现的宇宙这个词，当它需要表达无限宇宙的

意思，这个词就是无限宇宙；当它需要表达有限宇宙的意思，这个词就是有限宇宙。

宇宙之间的关系

无数的宇宙，它们之间是什么关系呢？

总的来说，就只有一种关系，就是包容的关系。包容，这种关系已经无法更简单，但正因为它是最简单的，所以宇宙才是最复杂的。

能真正去认识的宇宙都是有限的，所以宇宙之间存在不同程度的包容关系，它们之间不存在绝对包容，也不存在绝对不包容。

生 命

生命，在宇宙中恐怕算是最复杂的了。每看到一个生命的诞生，都会让人激动不已，那是灵魂最深处的共鸣。可生命的本质是什么呢？它的存在又有什么意义呢？人活着又是为了什么呢？

下面开始分析，站在原子的角度，人和石头有什么差别呢？人是一堆原子，石头也是一堆原子，凭什么人是生命，而石头就不是生命呢？那石头又可不可以成为生命呢？大家都知道，宏观事物是由微观事物构成的，微观事物是由更微观的事物构成的，不断地往下呢？反过来，不断地往上呢？生命更本质的定义是，站在宇宙最高层次平衡的角度，宇宙是一个不断地由微观演化出宏观的过程，当演化出的宏观反过来作用于微观，这样的微观和宏观构造的平衡体就是生命。宇宙万物都是微观和宏观构造的平衡体，任何宏观都具有作用于微观的能力，自然都具有生命性。只是宏观作用于微观能力的不同，体现了不同的生命性。当然，并不是说任何事物都是生命，前面的定义是站在宇宙广义的角度。实际上，只有宏观作用于微观的能力出现质的变化，即生命性有了质的飞跃，才是我们通常认为的生命。

这也就体现了宇宙生命和未来智能生命本质的不同，宇宙生命是宇宙最高层次平衡的产物，而智能生命是宇宙生命构造的产物。宇宙和宇宙生命不同层次的差别，即宇宙的无限性和宇宙生命的有限性，也就代表了宇宙生命和智能生命不同层次的差别。

站在宇宙最高层次平衡的角度来说，“灵魂”和“轮回”是合理的，不管是不是确实存在。即使不存在，宇宙也会提供类似的方式，否则就无法构造出最高层次平衡或最高层次平衡会陷入绝对。生命是微观和宏观的共同体现，宏观世界中人的死亡并不代表生命真正的终结。宏观很重要，但微观才是本质，可以说任何纯粹宏观的事件都无法导致生命的彻底终结。站在这个角度来说，应当珍惜生命，因为生命来之不易，也无须过于执著于生死，因为生和死只不过是宇宙最高层次平衡的不同部分而已，两者是可以相互转化的。

从生命的宏观反作用于微观来说，现在的人类文明处于中级阶段。生命的意义不只是通过对工具的掌握来影响宇宙的微观，更高层次的体现是宏观直接作用于微观，通过微观的变化构造出宏观的变化，来促进宇宙最高层次的平衡。生命和宇宙最终的体现就是，生命的终结是宇宙，宇宙的终结是生命。

生命的存在性

宇宙万物的存在性是不同的，有的是亿万年，有的是一瞬间。作为生命，特别是作为人，总是希望自己寿命很长或长生不老。对于物品，认真地保养，谨慎地使用，可以延长它的寿命。是不是人也只能通过好好保养、爱护自己，去延长那一点点寿命呢？不是的，之所以这样理解，是因为没有理解万物存在性的本质。

根据宇宙坐标系，要提高生命的存在性，就要提高包容性，提高平衡性，降低趋向性，降低运动性，提高相对性，降低转化性，降低对立性。用通常的话说，提高包容性要求我们胸怀宽广，提高平衡性要求我们生活有规律，降低趋向性要求

我们减少欲望，降低运动性要求我们别太劳累，提高相对性要求我们经常变换角度看待周围的事物，降低转化性要求我们生活稳定，降低对立性要求我们心性平和。

那是不是这样就可以了呢？虽然上面说得非常本质，但那通常是被动的。站在宇宙最高层次平衡的角度，微观不断地推动宏观演化，当宏观反过来作用于微观，这样的微观和宏观构造的平衡体就是生命。因为我们生活在宏观世界中，站在宏观的角度看，微观就是思维意识，宏观就是身体。思维是根本，身体是重要方面。思维层次提升会让身体更加协调，锻炼身体能承载更强大的思维。如果不提升思维层次，纯粹的锻炼身体对提高寿命并没有太大意义，因为思维是根本，任何事物失去根本都会毫无意义。那如何才能提升思维呢？更本质地说就是感悟宇宙演化所体现的思维，也就是对宇宙的理解，需要不断地领悟。简单的方法：一是绽放自己的思维。让我们想象一个空间，无限地增大这个空间，当思维无法承受时，过渡到想象一个球面上所有的点都相对处于球面的中心，继续上升到空间所有的点都相对是空间的中心，认真地感受这样的空间，这样的空间就是我们宇宙空间的整体形态；方法二是彻底敞开自己的胸怀。通常说“宰相肚里能撑船”代表胸怀开阔，但不是这样的，而是让胸怀彻底敞开，去包容整个人类、地球、太阳系、银河系乃至整个宇宙，进一步体验一下宇宙无限包容的感觉。仔细地品味这两种方法所带来的思维上的美妙感受。当然，这只是两个简单的方法。当思维能真正感悟宇宙的本质，你就会感觉自己身体逐渐地蜕变。

提升思维是微观的一方面，锻炼身体是宏观的一方面，宏观的一方面就不多说了。除了这两方面外，更重要的是微观和宏观的包容。因为生命是微观和宏观构造的平衡体，微观和宏观的和谐统一才是最重要的。通常我们说打太极拳可以修身养性、延年益寿，是什么原因呢？太极拳确实很伟大，但很少有人真正认识它。就武学来说，“极”，就是一个绝对。打一拳是一个绝对的过程，踢一脚也是一个绝对的过程。“太极”，就是完全超越并去掉所有的“极”，即绝对。那怎样完全超越并去掉所有的“极”呢？就是包容所有的“极”。包容所有极的极也即“太”极。宇宙也是一样，抛弃一个绝对，就会进入另一个绝对，不断地抛弃，就会不断地进入，最终的体现就是无限地抛弃，也就是无限地包容。这也就是为什么太极拳为什么是曲线的，看起来好像软弱无力，本质是在表达宇宙无限地抛弃绝对，即无限地包容这样一个思维过程。如果用动作来阐述宇宙演化所代表的思维，就是太极拳。通常可能会说你这个太极拳动作不对，他这个动作很对。实际上太极拳并没有绝对正确

的动作，也就无所谓对不对。当你的动作能表达出你思维中所构造的那个宇宙演化的无限抛弃绝对的过程，这样的动作就是太极拳。仔细地感受太极拳所表达的宇宙演化所蕴涵的力量，就不会再认为它仅仅只是花拳绣腿那样好看。当然，就生命的存在性来说，这只是个例子。当微观和宏观的融合有了质的突破，生命这个平衡体的存在性必然得到很大的提升。

站在宇宙最高层次平衡来说，虽然微观推动宏观演化的力量是那么强大，无法抗拒，生命显得那么渺小，但随着这个平衡的建立和完善，宏观反作用于微观的力量会不断出现质的飞跃，因为平衡终究是要平衡的。因此，生命存在性的巨大提升并非遥不可及。

文明的最终体现

随着社会的发展，文明不断取得进步。那未来呢？人类文明将走向何方？

不管文明能达到一个什么程度，宇宙中一切文明的最终体现是相同的，就是生存与包容。包容是根本，生存是重要方面。任何文明都拥有自己的选择，即对文明的理解和文明的发展方向。第一个遇到的问题必然是选择的生存。没有生存，一切都毫无意义。生存的选择就会遇到第二个问题，就是选择的包容。不以包容为目的，生存本身就是一种迷失。包容的选择又会产生更高层次的新的选择，新的选择同样会遇到生存与包

容的问题。

生存与包容更简洁的说法就是战争与和平。

我们的选择

大家都知道，任何事物都没有绝对的对和错。但如果这样的话，不管如何做，都有对的方面和错的方面，那岂不怎么做都没有差别，反正既有对又有错。做好事，有不好的方面；做坏事，有好的方面。是什么都不做好呢？还是什么都做好呢？如果无法得出一个满意的结果，我们就这样无聊地活着吗？

因为宇宙的相对性，万事万物确实没有绝对的对和错。宇宙以它的无限包容来最终体现它存在的意义。因为宇宙是无限的，它可以无限包容。那作为我们这些有限的存在呢？是绝对的正义、绝对的和平，还是弱肉强食、适者生存？都不是。无限宇宙的最终意义在有限事物上的体现是“选择”。对每个人来说，我们存在的最终意义是属于自己的那份至死无悔的选择。选择是没有对和错的，也不需要对和错，如果非要加上对和错的话，就是那个选择是否能真正让我们至死无悔。

如果非要站在绝对的角度思考，对于每个人来说，绝对的真理是属于自己的那个至死无悔的选择；对于整个人类来说，绝对的真理是属于全人类的。那我们每个人的那个真正属于自己的选择是什么呢？我们整个人类社会的那个真正属于全人类的选择是什么呢？

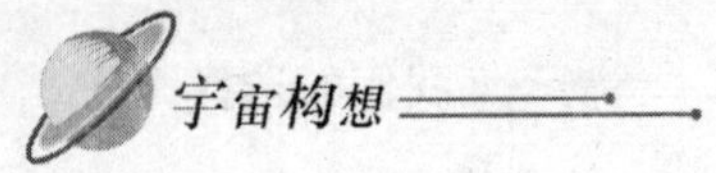

思维的独立性

孩童时代，面对多姿多彩的世界，充满了了解这个新生世界的渴求，那么多的为什么让自己陶醉在美妙的幻想世界中。大人对疑问的解答让我们无比地崇拜，他们就如同神一样无所不知。长大后，发现原来大人也有那么多的疑问。孩童时代，有大人来敷衍我们的疑问。长大了，疑问依然那么多，谁来敷衍已不再幼稚的我们呢?

宇宙的本质是什么呢? 不知道。人活着又是为了什么呢? 还是不知道。面对宇宙的玄奥，无可奈何；面对自己的愚钝，无比痛苦。思维四处飘荡，无比地迷茫。总是不断地寻求某种解释，以获得自己思维的安定。当别人给予一份似乎合理的解

释，就如同在绝望中看到一个活命的机会，本能让自己紧紧地抓住它，即使根本无法分辨真伪。现实中，有些人在这样的解释下自杀、引火焚身。从表面上看，他们是如此的愚蠢，为什么要做这些不可思议的蠢事呢？可是，我们这些不愚蠢的人又能多说些什么呢？对于他们的疑问，又能回答些什么呢？他们的作为就如同飞蛾扑火，思维在无穷无尽的黑暗中挣扎，当黑暗中出现了一丝光明，迷茫的痛苦已经无法让自己去仔细辨认那是真正的光明还是夺命的火焰，只能义无反顾地扑向它，以赌那一点点成功的希望。因为我们的思维太需要找一个安定的落脚点，致使思维软弱到无法分辨是非。

然而，当我们对着某一份伟大跪拜时，即使无比虔诚，在思维的最深处，总是存在着那么一丝不甘心。之所以对着它跪拜，是因为不管对错，至少能让思维稍微安定下来。之所以不甘心，让自己的思维完全依附在别的事物上，所获得的安定总是依赖别人，这样的所得随时可能崩溃。任何人都不希望自己的命运完全被别人所掌控。

对于生命，思维是根本；对于思维，思维的独立是根本。思维的安定最终要通过思维的独立来体现。只有思维独立了，它才能从根本上安定下来，也只有安定下来，生命才能进一步发展。作为一个生命，总是希望自己思维是独立的，但并不是想独立就能独立的。通常说青少年在思想上很叛逆。其实，根本的体现是他们对思维独立性的追求。之所以体现为叛逆，是因为不知道该如何追求，该追求什么，社会也无法教他们该如何追求，该追求什么。正因为如此，就体现为纯粹的追求独立性，也就体现为为了反叛而反叛。社会说他们叛逆，在于成年人思维的软弱，通过自己年轻时思维的叛逆后，什么也没得到，面对现实，不得不屈服。对于自己的软弱，无法释怀，只好美其名曰“成熟”，将后来者定为“叛逆”。

如何才能获得思维的独立性呢？最根本处在于自己对宇宙、生命的理解，这样的回答虽然本质，但过于抽象，显得毫无意义。具体的方法就是寻找思维的落脚点，只有有了落脚点，思维才能进一步发展。这样的落脚点就是自己的选择，寻找那份真正属于自己的选择，坚持那份真正属于自己的选择。然而，寻找自己的选择很难，坚持自己的选择更难，大多数人整个一生都无法作出一个真正属于自己的选择。当你真正做出一个属于自己的选择，思维层次就提升到了一个新的高度，生命也就进行了一次真正的蜕变。

要寻找自己的选择，就要思考自身，这个世界上有什么能让自己至死无悔呢？亲情、爱情、友情、事业、理想，等等。每一个生命都存在着一个让自己灵魂震撼的选择。当你开始认真寻找自己的那份选择，思维就不再飘荡；当你感觉到了自己的选择是什么，思维就开始独立、安定了；当你继续努力地去寻找、去坚持自己的那份选择，生命的意义就会无限绽放。

人的一生

理想。人的一生总是充满了无数的理想。儿时，想成为童话世界的主人公，想和神话里的人物成为朋友，想永远待在父母的怀抱里。大一点，想成为旅行者，进行环球旅行；想成为警察，保卫人民；想成为英雄，受别人的尊敬。再大一点，想做一个诚实的人，想努力创业，想一份美好的爱情。再大一点，想身体健健康康，想亲人平平安安，想家庭团团圆圆。

现实：不断地构造理想，不断地面对现实。沉浸在理想中，我们心潮澎湃；面对现实，我们不断地更新自己的理想。同时，又不断地面对新的现实。

软弱：在现实面前，我们总是那么软弱。想做一个诚实的人，面对现实的权益，不敢坚持自己的本心；想要一份真挚的感情，又怕受到伤害，不敢坚持自己的真心；想平平淡淡过一生，面对花花世界，又如何能舍弃自己的欲望。

服从：不断地面对现实，不断地显示出自己的软弱，理想也就只能不断地服从残酷的现实。想得到现实利益，我们不断地虚伪；害怕受到伤害，总是怀疑所有的一切；面对无穷的欲望，只能不断地迷失自我。亲人，是现实的亲人；朋友，是现实的朋友；一生，是现实的一生。

守护：现实没有理想，人有理想；现实没有真诚，人有真诚；现实没有爱，人有爱。在现实中，我们不断地服从，同时，又不断地守护。守护自己仅剩的那点理想、那点真诚、那点爱。为什么要守护？因为我们是人类，因为宇宙赋予人类理想、真诚、爱……

现　实

现实，面对它，更多的是无奈。它总是那么残酷，不断地扼杀美好的理想，留下的是无穷的遗憾。现实真实地摆在每一个人面前，无法找到比它更真实的事物。人人都喜欢真实，可它的真实却含着一丝冰冷，还带着一丝绝望。现实的社会，像一张蜘蛛网，紧紧地缠绕着每一个人，让人有一种窒息的感觉。虽然不断地挣扎，但它是如此的强大，渺小的我们又能坚持挣扎多久呢？可不挣扎的话，又如何能让自己甘心呢？

对于现实，人总是不满足的。正因为不满足，因而就有了理想。但任何理想都是基于现实的，现实孕育着无数的理想，不同的现实产生不同的理想。理想的目的是什么呢？是现实，是一个理想的现实。现实不断地构造理想，理想不断地改造现实。理想的起点是现实，理想的终点同样是现实。任何脱离现实的纯粹理想都是毫无意义的，因为现实的另一个名字是意义，现实是一切事物意义的综合体现。理想要有意义，要通过现实来体现；生命要有意义，也要通过现实来体现；任何其他事物要有意义，同样要通过现实来体现。

现实需要的不是逃避，也不是服从，而是尊重。任何事物，不管如何伟大，在现实中永远都是那么渺小。相对现实，虽然我们是如此渺小，但拥有超越现实的理想，因此无须逃避、服从现实。理想的最终归宿是一个理想的现实。也就只有尊重现实，理想才会体现真实的意义。

欲望——宇宙的原动力

我们知道，任何人都是有欲望的。在人类的文明发展中，欲望更多地存在贬义。许多人认为，欲望是人所具有的邪恶属性。因为欲望的存在，人变得贪婪、凶狠、自私、恶毒。如果没有欲望，就不会有人为了权力、利益而争斗，世界将没有邪恶，会处于一片和平、美好的状态。到了现在，社会越来越承认并解放欲望，随着物质文明的不断发展，各种欲望毫无掩饰地出现在生活中。看着这个物欲横流的社会，该如何去认识欲望呢?

通常欲望被理解为人类所具有的七情六欲。站在宇宙广义的角度来说，它是第六维趋向性的体现。万事万物都有整

体和局部的区分，地球是整体，地球上的山川河流就是局部；人的身体是整体，人的各个部位就是局部；人的生命是整体，人的各种生命活动就是局部。任何事物都是某个整体的局部，同时也是自己所有局部的整体，也就是说任何事物都承担了整体和局部的双重角色。任何事物作为整体，都需要处于一定的平衡中，整体不平衡就会产生局部欲望，局部欲望的实现，会让整体回到平衡中。欲望，存在于宇宙的万事万物中，其作用就是通过牺牲局部的平衡，来调节整体回到平衡的状态。

站在整个宇宙的角度来说，欲望存在的目的是通过牺牲小我的平衡达到大我的平衡。宇宙的演化本身就是欲望的体现，宇宙的多姿多彩就是通过无限的欲望来构造。没有欲望，整个宇宙将一片死寂，更准确地说根本不会有宇宙。但欲望在创造美丽的同时，随时会走向邪恶，这需要一个平衡的把握。过度地体现欲望，会让整体服务于局部，即通过牺牲整体的平衡来满足局部的平衡，也就迷失在欲望中。

对于人类的七情六欲及万事万物所展现的各种欲望，该如何对待呢?

平衡的欲望，让整体进入一个良性循环，无限美丽；

迷失的欲望，让整体进入一个恶性循环，无限邪恶。

展示自己的欲望，世界因你而多姿多彩；

掌控自己的欲望，欲望因你而无限美丽。

思维的包容

无数伟大的思想家、科学家不断地向全人类表达他们思考、探索宇宙所获得的成果，共同构造出人类璀璨的文明。可这些思想家、科学家的理论之间却有着无数的矛盾。他们在不停地以自己的思维方式对宇宙进行解释时，却无力说服那些同他们有着同样智慧的人。他们虽然大体上能相互承认对方理论的合理性，却永远只相信自己的才是宇宙真理。即使现代科学以如此强势的姿态带领我们走上人类文明的顶峰，可走进宗教的人并未减少，为什么呢?

虽然说“条条大路通罗马”，但每一条大路到罗马的方式是不同的。有的路距离最短，有的路风景美丽，有的路交通便利，有的路荒无人烟，如果时间充足的话，还可以南辕北辙。哪一条更好呢？每个人都看得出来，无所谓好不好，选择的角度不同，就会有不同的大道，只要一直坚持走下去，都会到达目的地。

任何一种思维，只要能表达出来，就具有一定的意义，同时又具有一定的局限性。因为是一种思维的表达，它本身就是意义；因为事物本身是有限的，思维自然有局限性。任何理论都不要妄想完全地解释宇宙，越具体的解释越容易偏离方向。语言本身的局限性就注定无法完全表达出我们自己的思维，更何谈解释整个宇宙。对宇宙更准确的认识只能是一个或几个字，然后以此为根本不断地拓展，不断地接近宇宙的本质。

任何一种思维构造的理论，对于自身理论的优势应当坚持。因为它是根本，失去了根本，一切都会变得毫无意义。与坚持自身理论优势同样重要的是不断地寻求并突破自身理论的局限性和学习其他理论的精华。坚持是自身理论存在的根基，不停地反思自身局限性和理解学习其他理论是不断让理论提升到新境界的必要条件。坚持自身理论是最容易做到的也是最难做到的，本能就让我们不断地坚持和维护自己的理论，但当这种维护到了顽固的地步，就不再是坚持，而是阻碍自我的提升。

任何一种思维的表达，不在于它有多正确，而在于它是否能不断提升自我。提升自我的过程就是包容其他思维的过程，每一次包容都是思维的一次飞跃，无限的飞跃才是思维、理论的完美所在。

思维的有限和无限

所有的一切中只有一个思维是无限的，就是无限包容的宇宙，而无限包容的宇宙由所有有限包容的一切来共同体现。

思维的有限和无限之间的差别是什么呢？以人为例，人的思维是有限的。具体体现就是，不管如何思考，思维的本能总是希望自己找到能解释一切的终点，总是希望自己能达到思维的最高峰，从而一劳永逸，即使明明知道它不存在，而无限思维的体现是无限追求的完美过程。这就是它们之间的差别，一个是对终点的无限追求，一个是对过程的无限追求。对过程的无限追求通过所有对终点的无限追求来共同体现。有人可能会说，我也知道过程是最美的，但知道和思维领悟到的差别是无

限的。站在无限思维的角度看，任何对终点的追求都是一种迷失。

大家可能会思考，那要怎么做才能不迷失呢？其实，因为我们永远都是有限的，因而永远都是迷失的。迷失本身并不重要，对思维完全不迷失的追求本身就是一种迷失。重要的是，知道自己迷失了，这就够了。剩下的就是愿不愿意迷失的问题，这就进入选择了。选择本身是没有对和错的，重要的是这是不是真正属于你的选择。

知道　做到　感悟到

在对宇宙万物的认知过程中，通常存在着三个层次，就是知道、做到、感悟到。

知道。这是很容易做到的，它只是对事物肤浅的认识，离本质相去甚远，即仅仅是知道而已。如在各种比赛中，大家都知道应当“友谊第一、比赛第二”。

做到。就是对事物本质的认知让自己在各种活动中坚决贯彻执行。如在各种比赛中，不管真假，又有多少人能做到“友谊第一、比赛第二”呢？

感悟到。这是对事物本质最深层次的领悟。当人们真正理解了事物的根本，就会毫无理由地把它作为活动的依据、评判

的标准。因为所获得的感悟已经成为一种本能。如在各种比赛中，如果谁能从本能上做到“友谊第一、比赛第二”，我们会如何去评价他呢?

总的来说，如果用通常的话来理解，也可以说就是理论—实践—理论。

宇宙没有幻想

人总是有幻想的，我们也都是这么认为自己的。通常认为幻想是永远无法实现的想法，所以才叫幻想。然而，人类无数的幻想得到了实现，当今世界的无数事物，在几百、几千年前，恐怕都是幻想。那现在的幻想，在几百、几千年后会不会得到实现呢？

幻想之所以是幻想，是因为它无法实现，之所以无法实现，是因为目前能力有限。之所以把它叫幻想，是因为思维的绝对性。认为现在不可思议的事物，就成了绝对的不可能，即使未来也不可能。然而，无数的绝对不可能变成了可能，这是什么原因呢？

原因就在于宇宙代表的是一个无限的领域，而任何宇宙事物都代表有限领域。幻想由有限领域构造，实现由无限领域构造。只要开始思考，讲一句话，发出一个声音，就已经进入了有限的领域。因此，不管如何思考、想象，都是在有限领域进行的。能思考出的任何事物，宇宙都能实现，因为宇宙是无限领域，实现不了只是因为目前能力有限。不管你如何想象，想象出的事物与宇宙能实现的事物相比，根本就不值一提。思维可以无限地接近宇宙，但永远无法达到。

因此，能想象出的任何事物，宇宙都会提供实现的方法。因为宇宙是无限合理的，实现不了，就代表宇宙不合理。宇宙之所以没有幻想，是因为它无限，能实现自己所有的幻想，所以不需要幻想，也就没有幻想。

说到这里，自然就会想起神话。神存在吗？要回答这个问题，首先要搞清楚的问题是，我们是如何理解神的。神是完美的吗？无法回答，是因为我们并没有对神有个具体的定义。一方面在心里认为神是完美的、无所不能的；另一方面给神赋予人类的各种色彩，神又变得不完美。为什么会这样呢？原因是一方面认为完美的神绝对存在，另一方面思维又无法构造出完美的神。绝对的思维让自己陷入这个不能绝对回答的问题，而又想得到一个绝对的答案。因此，这个问题在整个人类文明中就那么一直存在着。那到底该如何认识这个问题呢？简单地说，如果神不完美，那神就可以存在，那也只是更高级的存在，也就是可以超越他。因为除了宇宙，任何事物都是可以相互超越的。正因为万事万物都可以相互超越，也就没有绝对的上下高低之分。如果神是完美的，那他就不存在，因为除了宇宙，万事万物都是不完美的。如果非要存在，那就只有一个，他就是宇宙。

论哲学

在人类文明发展长河中，哲学以其独特的魅力占据了人类思维的最高峰。从东方的老子到西方的亚里士多德，他们伟大的哲学思想为整个人类文明的发展奠定了基础、指明了方向。哲学思想的发展指导了人类社会的发展，人类社会的进步同时促进了哲学的进步。哲学在人类文明发展中作出的贡献是伟大的，无法取代的。

在整个哲学思想的发展过程中，无数的哲学家不停地探讨着宇宙的本原问题，百家争鸣。他们不停地寻找各种证据为自己的理论辩护，最后谁也无法说服谁。到了现代，随着科学的迅猛发展，人们对宇宙的观察深入到了一个前所未有的高度。

各种理论规律、更微小的粒子相继被发现，对物质有了更好的理解，物质第一性得到了绝大多数人的支持，但唯物论者还无法拿出完美的证据说服唯心论者。哲学也不会因为科学的高度发展而下一个简单的结论。一切争论总会有个结果，虽然现在还没有一个真正的让所有人信服的结论，但结论总是存在的，这是所有哲学家都相信的，不然争论就失去了意义。

我的观点是，物质第一性，是从存在性的角度看待我们的宇宙，物质性体现存在性。意识第一性，是从运动的角度看待我们的宇宙，意识性体现运动性。从广义的角度来说，宇宙的一切存在都是物质，宇宙的一切运动都是意识。它们之间的争论也就成了到底是应该以第四维存在性作为第一性来理解宇宙，还是以第五维运动性作为第一性来理解宇宙。另一个合理的解释就是，意识性是从微观的角度理解宇宙，物质性是从宏观的角度理解宇宙。

不断地争论宇宙是物质第一性还是意识第一性，就如同争论颜色第一性是红，是绿，还是蓝。之所以会产生这样的争论，在于思维的绝对性，总是想对任何事物都比个高低、排个一二。

论相对论

爱因斯坦的相对论改变了整个人类对宇宙的理解，让科学研究进入了一个新领域。当我们为此激动不已时，自然存在着这样的疑问，相对论是不是完美地解释了宇宙呢？

大家都知道，虽然相对论对科学的贡献是巨大的，却依然存在着这样或那样它无法回答的疑问。即使牵强地寻找着这样或那样的解释，试图使相对论能完美地回答那些没解决的问题，但总是让人无法完全信服。在希望自己相信中，总是带着那么一点点怀疑。

既然相对论无法完美地解释宇宙，它必然存在着缺陷，这是肯定的，那它的缺陷是什么呢？世界上没有完美的事物，这是大家都认同的，相对论不完美也是很正常的。至于它的缺陷，我的观点是思维基础存在问题。牛顿理论的思维基础是绝对的绝对时空观，而爱因斯坦相对论的思维基础是绝对的相对时空观。宇宙不存在绝对，即使“相对”也不是绝对的。相对论走出了一个“绝对”，而又陷入了另一个“绝对”。宇宙的思维是一个无限抛弃“绝对”的过程，因为“绝对”本身就是不“合理”，只有无限地抛弃“绝对”才能达到无限的“合理”，而宇宙本身是无限合理的。

在我们碰到相对论无法解决的问题时，总是怀疑自己没有完全理解相对论。其实并不是这样的，是相对论本身的思维方式已经陷入了绝对，自然就有它的局限性。当然，并不是说相对论是错误的，它的出现是人类思维的一次质的飞跃，对宇宙的解释具有普遍的指导意义。正如有了相对论并不代表牛顿的理论是错误的，只是牛顿的理论有局限性而已，相对论也是如此。

佛　学

“天上天下，唯我独尊”，对于释迦牟尼说出的这句话，仁者见仁、智者见智。有人说是释迦牟尼狂妄，认为自己是宇宙至尊；有人认为释迦牟尼说的是佛学，认为佛学相对其他学问是最好的；也有人说是佛性，或人性等。那到底是什么呢？其实，这句话中的“我”并不指释迦牟尼自己，也不是所谓佛学、佛性、人性等，而是代表宇宙中的万事万物。宇宙是以万事万物为中心的，只要存在于宇宙，就是宇宙的中心。相对于宇宙的万事万物而言，都可以这么说，堂堂宇宙以我为中心，难道不是“天上天下，唯我独尊”，也即宇宙万事万物都有资格说这句话。因而，面对任何事物，都无须自卑，因为宇宙以我为中心，为什么要自卑；同时也不要自负，虽然你是宇宙的中心，其他人或事物也同样是宇宙的中心，又有什么资格自负。用另一句话概括就是“众生平等”，万事万物都是宇宙的中心，无上下高低之分，“众生”自然“平等”，也就是说宇宙本身就是“众生平等”的。至于无限宇宙的“众生平等”在有限的人类社会如何体现，就需要我们努力理解、追求了。

“空即是色，色即是空”，你认为你是人吗？你自然回答“是”，你绝对是人吗？你也会回答“是”。其实你的第二个回答是片面的。说你是一堆分子，你能否认吗？相对于你是一个人，一堆分子的回答更接近本质，你只是一堆分子的复杂组成而已。说是一堆原子呢？就更接近本质了。说人是人，并没错，不对的地方是加上了绝对这两个字。相对于分子，人是色，分子是空；相对于原子，分子是色，原子是空。“空即是色，色即是空”代表了宇宙是无限抛弃绝对的。宇宙不是绝对的，那就是相对的吗？宇宙不是绝对的绝对，也不是绝对的相对，是无限抛弃绝对，不要从一个绝对跳出来，又跑入另一个绝对。

佛学是非常伟大的，它的思维直指宇宙本质的最深处。现实中，它成为了修身养性、躲避烦恼的所在，致使许多人迷失在宗教式的佛教里。就如同语文、数学、物理等知识本身非常伟大，而社会需要致使我们迷失在无尽教学和考试构造的教育制度中。

极乐世界

对于极乐世界，许多人的理解是人死后灵魂进入一个永远快乐、没有痛苦的地方，就如同西方的天堂一样。那极乐世界真的是代表这个意思吗？我们活着的目标就是死后进入极乐世界吗？

其实，并不是这样的，极乐世界并不是什么地方，而是一种思维状态，并且几乎每个人都有过这种状态。如进行各项运动时，就可能处于那样一种状态，脑袋里什么都没想，只是感觉一切动作都是那么流畅、那么完美，思维完全沉浸在其中。一旦开始认真思考这种状态，也就随着离开了这种状态。这种状态就是所谓的极乐世界，是这项运动的极乐世界。通常，这种状态是自己无法掌控的，越强求，越无法达到。因为它的另一种说法就是“自然”，“自然”自然是无法强求的，需要的是感悟。当然，上面的例子讲的仅仅是运动这方面。站在整个生命的角度来说，生命是许多方面的共同体现，当思维能从生命整体上感悟到这样一种状态，就真正进入了极乐世界。在极乐世界，没有痛苦，也不是快乐，而是无限美妙，即你能接触到的一切，都是那么美妙。

极乐世界这种思维状态是无比美妙的，但要真正感悟到，是很难的。佛、道等最终的追求，就是站在整个生命的角度，去感悟这种状态。这种状态最终极的体现，就是宇宙。

《道德经》

原文：

道可道，非常道；名可名，非常名。无，名天地之始；有，名万物之母。故常无欲以观其妙；常有欲以观其徼。此两者同出而异名，同谓之玄。玄之又玄，众妙之门。

理解：

“道可道，非常道。”是指任何可以进行表达的，都不是绝对正确的。

“名可名，非常名。”是指对万事万物的任何命名，都不能绝对正确地表述。如一碗水和一碗水分子都是对同一事物的正确命名，但都不是绝对正确的。

"无，名天地之始；有，名万物之母。"是指宇宙起源于"无"，"有"构造出万物。无到有是一个无限的过程，有构造万物，是一个有限的过程。无到有这个无限的过程通过无数有构造万物这样有限的过程共同体现。

"故常无，欲以观其妙；常有，欲以观其徼。"是指绝对的无，是从微观的角度来看；绝对的有，是从宏观的角度来看，与佛学的"空即是色，色即是空"有异曲同工之妙。

"此两者同出而异名，同谓之玄。"是指从微观角度看的无和从宏观角度看的有，虽然命名不同，但表述的都是同一对象。宏观和微观的角度不断变化，无和有可趋于无限。

"玄之又玄，众妙之门。"是指宇宙通过这样一种无限的无限来构造万事万物。

原文：

信言不美，美言不信。善者不辩，辩者不善。知者不博，博者不知。圣人不积，既以为人，己愈有，既以与人，己愈多。天之道，利而不害；圣人之道，为而不争。

理解：

"信言不美，美言不信。"是指反映事物本质的言语不需要华丽的辞藻，言辞美丽的文章必然偏离事物本来的面貌。如科学文章真实反映了事物的本来面貌，只需真实的表达、记录，华丽的言辞没有任何意义，而散文、诗歌运用了各种修辞手法来进行表达，修辞手法的运用必然使文章离事物的真实面貌相去甚远。

“善者不辩，辩者不善。”是指对一个事物的本质有了真正理解的人是不会和你辩论的。因为他对事物的概括只是一句话或一个词而已，没有什么可辩论的。那些进行激烈辩论的人必然没有把握事物的本质。因为辩论本身就是正在追求事物的本质。

“知者不博，博者不知。”是指对一个事物，能从整体上进行全局把握的人，不需要了解详细的细节，而追求事物细节的人，必然没有抓到事物的本质。如小学数学，对于大学生来说，就那么一点点，几句话就可以概括，他们把握了知识的根本，但并不能背出所有的概念和公式，他们是知者不博。对于小学生来说，每一个知识细节都会背诵，但会感觉自己学的知识浩如烟海，他们是博者不知。

“圣人不积，既以为人己愈有，既以与人己愈多。”是指有智慧的人会努力把握万事万物的本质规律，而不会花太多时间积累那些规律的细节。因为把握了事物的本质．那些细节可以自然地推断出来，不需要专门去了解记忆。就如《三国演义》里水镜先生讲述他的学生的学习方法，徐庶等务于精纯，而孔明独观其大略。观其大略就是从整体上把握事物的本质。

“天之道，利而不害；圣人之道，为而不争。”是指宇宙的演化，总体上朝着进步的方向演化。有智慧的人的处世之道，就是努力追求自己的理想，而不强求，在自己尽力的基础上，一切顺其自然。孔子通常被尊为圣人，他的伟大不完全在于他的思想，他的“为而不争”才是最让人叹服的。

“道”，几乎完美地表达了宇宙最根本的思维。相对于无限宇宙体现的“道”，有限的生命相应的体现就是“德”。这也就是中国功夫为什么追求“道”，练中国功夫的人为什么追求“德”。对于这样一部包揽无限宇宙和有限生命最本质思维的“经”，它的伟大就不多说了。